Ernst Probst

Die Mittelsteinzeit in Rheinland-Pfalz

Die letzten Jäger und Sammler
vor den ersten Bauern

Widmung

Allen Prähistorikern und Prähistorikerinnen gewidmet,
die mich bei meinen Büchern über die Steinzeit
unterstützt haben

Impressum
Die Mittelsteinzeit in Rheinland-Pfalz
1. Auflage als Printbuch: Februar 2021
Autor: Ernst Probst,
Im See 11, 55246 Mainz-Kostheim
Telefon: 06134/21152
E-Mail: ernst.probst (at) gmx.de
Herstellung: Amazon Distribution GmbH, Leipzig
Alle Rechte vorbehalten
ISBN: 979-8-708-90612-0

Inhalt

Jäger der Mittelsteinzeit mit Hund bei der Jagd auf Auerochsen.
Zeichnung: Fritz Wendler (1941–1995)
für das Buch „Deutschland in der Steinzeit" (1991)
von Ernst Probst

Vorwort

Die Mittelsteinzeit in Rheinland-Pfalz ist das Thema des gleichnamigen Taschenbuches. Darin geht es um die Welt der Jäger, Fischer und Sammler in der Pfalz, Rheinhessen und anderen Landesteilen zwischen etwa 9.600 und 5.500 v. Chr. Sie lebten nach dem Eiszeitalter, bevor die ersten Ackerbauern, Viehzüchter und Töpfer der Jungsteinzeit erschienen. Statt Mammuten, Wildpferden und Rentieren erlegten sie wohl vor allem Auerochsen, Rothirsche, Rehe und Wildschweine. Bisher hat man Funde aus Höhlen und im Freiland geborgen. Gräber und menschliche Skelettreste wurden noch nicht entdeckt.

Der schwedische Geologe und Polarforscher
Otto Martin Torell (1828–1900)
prägte 1874 den Begriff Mittelsteinzeit (Mesolithikum).
Bild: Riksantikvarieämbetet och Statens Historiska Museer,
Stockholm

Die Mittelsteinzeit in Rheinland-Pfalz

Aus Rheinland-Pfalz kennt man Hunderte von Fundstellen aus der Mittelsteinzeit, wissenschaftlich als Mesolithikum bezeichnet. Dieser Abschnitt der Steinzeit begann laut dem Buch „Deutschland in der Steinzeit" (1991) von Ernst Probst vor etwa 10.000 Jahren, also um 8.000 v. Chr., und endete um 5.000 v. Chr. Im Online-Lexikon „Wikipedia" dagegen wird heute der Anfang der Mittelsteinzeit auf 9.600 v. Chr. und deren Ende im westlichen Mitteleuropa auf 5.800 v. Chr., im mittleren Mitteleuropa auf 5.500 v. Chr. und im nördlichen Mitteleuropa auf 4.300 v. Chr. datiert. Der zeitliche Unterschied beim Anfang der Mittelsteinzeit beruht darauf, dass man jetzt die Nacheiszeit (auch Heutzeit, Holozän oder Postglazial genannt) 1.600 Jahre früher beginnen lässt.

Den Begriff Mittelsteinzeit (Mesolithikum) hat 1874 der schwedische Geologe und Polarforscher Otto Martin Torell (1828–1900) aus Lund auf dem Internationalen Kongress für Archäologie und Anthropologie in Stockholm erstmals vorgeschlagen. Dieser aus den altgriechischen Wörtern mesos (mitten) und lithos (Stein) zusammengesetzte Name setzte sich allmählich durch. Daneben ist vor allem im romanischen Sprachbereich die Bezeichnung Epipaläolithikum (Nachpaläolithikum) gebräuchlich.

In Rheinland-Pfalz wurden fast ausschließlich kleine und unscheinbare Steingeräte entdeckt. Die Hinterlassenschaften stammen aus Höhlen, in denen man kurzfristig wohnte, und im Freiland, wo man Zelte oder Hütten errichtete. Gräber oder Schmuckstücke konnte man bisher nicht nachweisen.

Nachbau einer Hütte aus der Mittelsteinzeit um 8.000 v. Chr.
im archäologischen Themenpark „Archeon"
in Alphen aan den Rijn (Niederlande).
Foto: Marc Strauch (via Wikimedia Commons),
Lizenz: gemeinfrei (Public domain)

Erst Mitte der 1980er Jahre wurde die in der archäologischen Fachliteratur vertretene Ansicht, die Pfalz sei in der Alt- und Mittelsteinzeit unbesiedelt gewesen, widerlegt. Damals kannte man bereits die Kleine Kalmit bei Ilbesheim (Kreis Südliche Weinstraße und Stadt Landau in der Pfalz) und die Weidentalhöhle bei Wilgartswiesen (Kreis Südwestpfalz) als mittelsteinzeitliche Fundplätze. Auf der Kleinen Kalmit waren 1962 und 1963 Bergungen geglückt. Zudem lagen in kleinen Privatsammlungen etliche Funde, die schon früher das falsche Bild der Siedlungsleere korrigieren hätten können. 1928 beispielsweise hatte man in der Branntweinhöhle bei Pirmasens steinerne Geräte ausgegraben. Ab 1943 wurden regelmäßig „Auf'm Benneberg" bei Waldfischbach-Burgalben (Kreis Südwestpfalz) archäologische Funde auf der Erdoberfläche gesammelt. Weitere Fundbergungen erfolgten in den Ludwigshafener Stadtteilen Maudach und Rheingönnheim in der Rheinebene.

„Jetzt gilt der Pfälzer Raum mit seinen mehr als 100 mittelsteinzeitlichen Fundstellen nachweislich als kontinuierlich besiedelt und als gut erforschte Region". Das schrieb 1998 der Prähistoriker Erwin Cziesla in dern „Erdgeschichtlichen Materialheften".

Während der ersten zwei Jahrtausende der Mittelsteinzeit wurde die südliche Pfalz hauptsächlich aus dem französisch-luxemburgischen Raum beeinflusst. Gegen Ende der Mittelsteinzeit lebten im Bergland der Pfalz und in der rheinischen Tiefebene der Vorderpfalz mittelsteinzeitliche Jäger und Sammler, jungsteinzeitliche Hirten der La Hoguette-Kultur[1] (etwa 5.800 bis 5.500 v. Chr.) sowie Ackerbauern und Viehzüchter der Linienbandkeramischen Kultur[2] (etwa 5.500 bis 4.900 v. Chr.) gleichzeitig. Wegen kultureller Andersartigkeit bekämpften sich diese Gesellschaften möglicherweise.

Ackerbauern und Viehzüchter
der Linienbandkeramischen Kultur (um 5.500 bis 4.900 v. Chr.).
Ölgemälde von Fritz Wendler (1941–1995)
für das Buch „Deutschland in der Steinzeit" (1991)
von Ernst Probst

Wenn man in Rheinland-Pfalz von einer Dauer der Mittel-
steinzeit von etwa 9.600 bis 5.500 v. Chr. ausgeht, fallen in
diese folgende Abschnitte der Heutzeit (Holozän[3]): Vor-
wärmezeit (Präboreal[4]) vor etwa 9.610 bis 8.690 v. Chr., Frühe
Wärmezeit (Boreal[5]) vor ca. 8.690 bis 7.270 v. Chr. und Mittlere
Wärmezeit (Atlantikum[6]) vor etwa 7.270 bis 3.710 v. Chr. Im
Präboreal war der Sommer ähnlich warm wie heute und der
Winter noch sehr ikalt. Im Boreal war der Sommer generell
wärmer als heute und der niederschlagsarme Winter meist mild.
Das Atlantikum gilt als wärmste Epoche. Die Winter waren
sehr milde und sehr niederschlagsreich. Hinweise auf das Klima
der Mittelsteinzeit in Rheinland-Pfalz liefern die Ablagerungen
kalkhaltiger Quellen, besonders im Muschelkalkgebiet der
Südwesteifel und des Saargaus. Die Kalktuffe von Hüttingen
an der Kyll, Ahlbachsmühle, Issel, Weilersbach oder Holstum
lassen Blattabdrücke wärmeliebender Laubbäume und Schne-
ckengehäuse erkennen.
Bisher konnte von den Menschen aus der Mittelsteinzeit in
Rheinland-Pfalz kein einziger Skelettrest entdeckt werden. Was
man möglicherweise finden hätte können, wenn man danach
gesucht hätte, belegen Entdeckungen aus dem Nachbarland
Luxemburg und etlichen deutschen Bundesländern.

Luxemburg
Seit dem 7. Oktober 1935 ist aus dem Felsdach Loschbour im
Müllerthal unweit von Reuland im Gebiet der Gemeinde
Heffingen in Luxemburg eine Bestattung aus der Mittelsteinzeit
um 6.000 v. Chr. bekannt[7]. Hierbei handelt es sich um einen in
gestreckter Rückenlage unter einer Steinplatte bestatteten ca.
40 Jahre alten Mann, der etwa 1,60 Meter groß sowie zwischen
58 und 62 Kilogramm schwer war. Bei dem nach dem kleinen
Bach Loschbour benannten „Loschbour-Mann" wurden zwei

Felsschutzdach Loschbour unweit von Reuland in Luxemburg.
Dort wurde am 7. Oktober 1935 das Skelett des Loschbour-Mannes
aus der Mittelsteinzeit um 6.000 v. Chr. gefunden.
Foto: Cayambe / CC BY-SA 3.0 (via Wikimedia Commons).
lizensiert unter Creative-Commons-Lizenz by-sa-3.0,
https://creativecommons.org/licenses/by-sa/3.0/legalcode

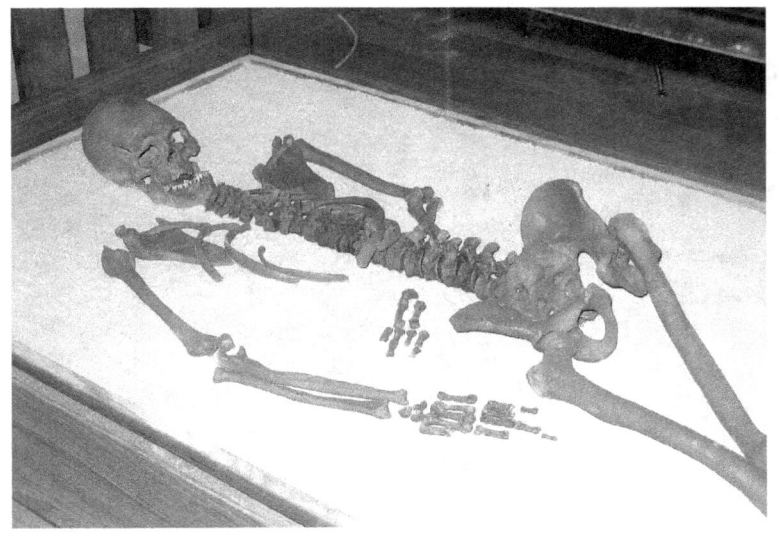

Skelett des Loschbour-Mannes
aus dem Felsdach Loschbour unweit von Reuland in Luxemburg.
Namengebend ist der kleine Bach Loschbour.
Foto: Ingowank bei de.wikipedia (via Wikimedia Commons).
Lizenz: gemeinfrei (Public domain)

Rekonstruktion der Schädelbestattung aus der Mittelsteinzeit
in der Höhle Hohlenstein-Stadel bei Asselfingen (Alb-Donau-Kreis)
in Baden-Württemberg.
Originale in der Osteologischen Sammlung der Universität Tübingen.
Foto: Osteologische Sammlung der Universität Tübingen

Auerochsenrippen gefunden, die wohl Reste einer Fleisch-
beigabe darstellten.

Einige Jahre nach der Entdeckung des „Loschbour-Mannes"
barg man unweit von dessen Fundort die Überreste einer Frau,
die ungefähr 1.000 Jahre früher um 7.000 v. Chr. lebte und
starb. Die Schädelfragmente der „Loschbour-Frau" weisen
rätselhafte Ritzspuren auf, die mit unbekannten Bestattungs-
ritualen oder Kannibalismus erklärt werden. Im Umfeld jener
Frau lagen Steinwerkzeuge und Jagdbeutereste von Auerochse,
Rothirsch, Wildschwein und Biber.

Baden-Württemberg

In Baden-Württemberg hat man in der Falkensteinhöhle bei
Thiergarten (Kreis Sigmaringen), in der Höhle Hohlenstein-
Stadel bei Asselfingen (Alb-Donau-Kreis) und in Blaubeuren-
Altental (Alb-Donau-Kreis) menschliche Skelettreste gebor-
gen. Die Knochen eines etwa 30 bis 40 Jahre alten, rund 1,70
Meter großen Mannes aus der Falkensteinhöhle, der um 7.200
v. Chr. lebte, wurden 1933 von dem Oberpostrat i. R. Eduard
Peters (1869–1948) entdeckt. Bei dem Fund vom Sommer 1937
im Hohlenstein-Stadel mit einem Alter von mindestens 6.400
v. Chr. handelt es sich um drei Schädel, die der Tübinger Geologe und Prähistoriker Otto Völzing (1910–2001) und der
Tübinger Anatom Robert Wetzel (1898–1962) bargen. Die
Schädel stammen von einer ca. 20 Jahre alten Frau, einem etwa
20- bis 30jährigen Mann und einem zwei- bis vierjährigen Kind.
In Blaubeuren-Altental entdeckte man zwischen 1949 und 1951
insgesamt 18 Skelettelemente, die von mindestens vier Menschen stammen. Die ersten Funde kamen im Herbst 1949 bei
der Anlage eines kleinen Parkplatzes unterhalb des Schotterwerkes E. Merkle dicht an einem Felsen im Blautal ans Tages-
licht. Der Besitzer des Schotterwerkes, Eduard Merkle (1904–

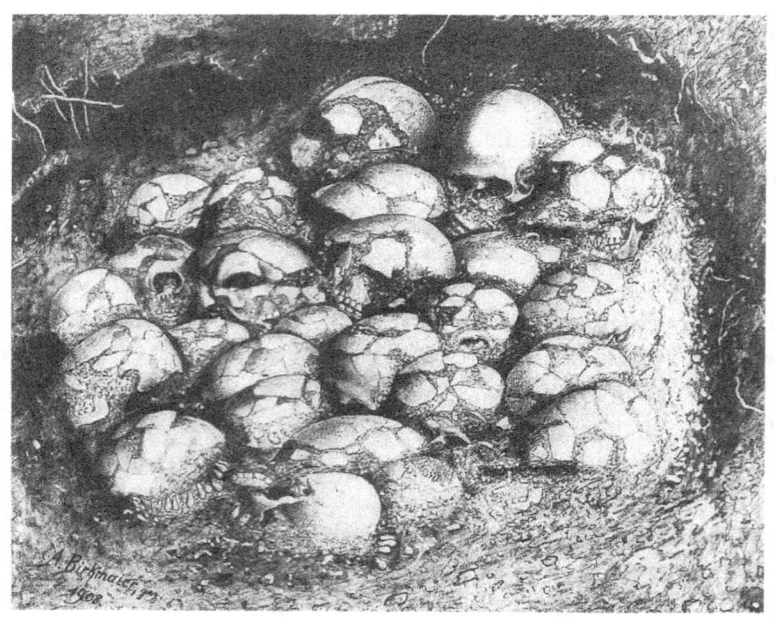

*Schädelbestattung in der Großen Ofnethöhle
bei Holheim (Kreis Donau-Ries) in Bayern.
Zeichnung des paläontologischen Zeichners
Anton Birkmaier (1869–1926) aus München,
die er nach einer Fotografie anfertigte.*

1951), barg einen Schädel. Zwischen 1949 und 1951 fand der Oberstudiendirektor Albert Kley (1901–2001) aus Geislingen bei der Nachsuche weitere Skelettelemente (Unterkiefer, Wirbel, Rippen, Schienbein). Die Skelettreste von Blaubeuren-Altental stammen alle von Erwachsenen. Eine AMS-14C-Datierung des Schädels ergab ein Alter um 7.250 v. Chr. Unter dem Felsdach Inzigkofen (Kreis Sigmaringen) befand sich ein einzelner menschlicher Backenzahn aus der späten Mittelsteinzeit. In der Jägerhaushöhle bei Fridingen-Bronnen (Kreis Tuttlingen) lagen zwei Kinderzähne aus der späten Mittelsteinzeit.

Bayern
Die meisten Knochenreste von Menschen aus der Mittelsteinzeit in Deutschland wurden 1908 von dem Tübinger Prähistoriker Robert Rudolf Schmidt (1882–1950) in der Großen Ofnethöhle bei Holheim (Kreis Donau-Ries) in Schwaben (Bayern) entdeckt. Dort kamen insgesamt 34 Schädel von Männern, Frauen und Kindern zum Vorschein. Lange Zeit hatte man nur von 33 Schädeln gesprochen. Bei einer Nachuntersuchung der Ofnet-Schädel entdeckte 1936 der Münchner Anthropologe Theodor Mollison (1874–1952), dass man diesen Menschen den Schädel eingeschlagen hatte. In die Mittelsteinzeit wird auch der Schädel eines etwa 25 bis 35 Jahre alten Mannes datiert, der 1913 in Nähe des Eingangs der Halbhöhle Hexenküche am Kaufertsberg bei Lierheim (Kreis Donau-Ries) in Schwaben gefunden wurde.
Mittelsteinzeitliches Alter sollen auch die Skelettreste von drei Menschen haben, die im Sommer 1982 im Innenhof von Burg Nassenfels (Kreis Eichstät) in Oberbayern geborgen wurden. Sie stammen von zwei Kindern im Alter von 2 und 4 Jahren sowie einem Jugendlichen zwischen 14 und 16 Jahren.

Balver Höhle (Märkischer Kreis) in Nordrhein-Westfalen vor 1900.
Aufnahme eines unbekannten Fotografen
(via Wikimedia Commons),
Lizenz: gemeinfrei (Public domain)

Hessen

Von den Menschen der Mittelsteinzeit in Hessen liegen bisher keine mit Sicherheit datierbaren Skelettreste vor. Vielleicht gehört der auf ein Alter von etwa 12.000 bis 8.000 Jahren geschätzte Schädel aus dem Dorf Rhünda, einem Stadtteil von Felsberg (Schwalm-Eder-Kreis), in diese Zeit. Dieser Schädel wurde am 20. Juni 1956 von den zehnjährigen Schülern Reinhart Wendel und Günther Otys am Bachufer etwa 80 Zentimeter unter der Erdoberfläche entdeckt. Damals waren sie am Tag nach einem Unwetter mit ihrem Lehrer Eitel Glatzer unterwegs. Der Fundort lag an einem neu entstandenen Ufer der Rhünda nahe ihrer Mündung in die Schwalm.

Nordrhein-Westfalen

Auch aus Nordrhein-Westfalen sind einige Skelettreste von Menschen aus der Mittelsteinzeit bekannt. Jahrzehntelang bewahrte man in der ur- und frühgeschichtlichen Sammlung der Stadt Balve ein handtellergroßes menschliches Schädeldach aus der Balver Höhle (Märkischer Kreis) auf, dessen wahres Alter bis 2004 unbekannt war. Jenes Fossil ist bereits 1939 bei einer Grabung entdeckt worden. Nach Auflösung der Sammlung in Balve gelangte der Fund zu Beginn des 21. Jahrhunderts in die Obhut der LWL-Archäologie. Um das Schädeldach in der neuen Dauerausstellung im „LWL-Museum für Archäologie" in Herne richtig platzieren zu können, ließ man sein Alter im Datierungslabor der Universität in Groningen (Niederlande) datieren. Das Ergebnis überraschte: Der Fund stammt aus der frühen Mittelsteinzeit um 8.400 v. Chr..

Teilweise aus der frühen Mittelsteinzeit stammen auch menschliche Knochen, die bei Ausgrabungen in der Blätterhöhle am Weißenstein im Lennetal (Stadt Hagen) zum Vorschein kamen. Ein in die Höhle führendes mit Laub verfülltes Loch wurde

Schädel einer Frau aus der Mittelsteinzeit
aus der Blätterhöhle am Weißenstein im Lennetal (Stadt Hagen)
in Nordrhein-Westfalen. Fund von 2004.
Foto: Ingo Kramer www.volmefoto.de / CC BY-SA 3.0
(via Wikimedia Commons),
lizensiert unter Creative-Commons-Lizenz by-sa-3.0,
https://creativecommons.org/licenses/by-sa/3.0/legalcode

1983 von Spelealogen des „Arbeitskreises Kluterhöhle e. V."
entdeckt. Ausgrabungen in der Blätterhöhle erfolgten ab 2006.
Etwas Besonderes sind drei von Menschenhand deponierte
Oberschädel von ausgewachsenen Wildschweinen, denen die
Eckzähne entfernt wurden. An Jagdbeuteresten von Reh und
Rotwild sind Schlag- und Zerlegungsspuren zu erkennen. Die
menschlichen Skelettreste von mehreren Personen, darunter
auch Kleinkinder und Jugend-liche, waren vermutlich bereits
bei ihrer Niederlegung in der Blätterhöhle fragmentiert und
haben sich wahrscheinlich vorher an einem anderen Platz
befunden.

Aus der Mittelsteinzeit könnte auch ein 1911 beim Bau des
Rhein-Herne-Kanals in Oberhausen vier Meter tief unter der
Erdoberfläche geborgener Oberschädel ohne Zähne stammen.
Er wurde durch den Berliner Anatomen Hans Virchow (1852–
1940) untersucht und 1911 beschrieben, wobei Virchow ein
höheres geologisches Alter nicht ausschloss. Der Originalfund
ging später durch Kriegswirren verloren. Im Bottroper Museum
für Ur- und Ortsgeschichte" sowie im „Stadtarchiv Oberhausen" bewahrt man jedoch Abgusskopien auf.

Niedersachsen
Bisher sind zwei Ende der 1980er Jahre entdeckte Kinder-
skelette wahrscheinlich die einzigen Reste von Menschen aus
der Mittelsteinzeit in Niedersachsen. Das erste Kinderskelett
(Grab I) in gestreckter Rückenlage mit dem Kopf im Osten
wurde 1988 bei Grabungen unter Leitung des Göttinger
Kreisarchäologen Klaus Grote unter einem der insgesamt 14
Felsdächer an der Südflanke des Bettenroder Berges bei Reinhausen (Kreis Göttingen) im Abri IX entdeckt. Dabei handelt es sich um das rund 75 Zentimeter große Skelett eines
etwa anderthalbjährigen Jungen. Das zweite Kinderskelett

Bestattung eines Kindes (Grab I)
unter dem Felsdach Abri IX bei Reinhausen (Kreis Göttingen)
in Niedersachsen.
Foto: Landratsamt Göttingen

(Grab II), auf der rechten Seite liegend mit zum Körper hin angezogenen Knien (Hockerlage), kam 1989 bei den Grabungen von Grote unter demselben Felsdach ungefähr 4 Meter von Grab I entfernt zum Vorschein. Es ist die Bestattung eines ca. 3 Jahre alten Mädchens, das etwa 85 Zentimeter groß war. Die Ergebnisse der 14C-Altersdatierungen von Knochenproben sind sehr widersprüchlich: Grab I kurz nach der Ausgrabung um 9.100 v. Chr. und 2009 um 460 v. Chr., Grab II kurz nach der Ausgrabung um Christi Geburt und 2009 um 800 v. Chr. Der Ausgräber Klaus Grote geht wegen der Lage der beiden Bestattungen und ihrer Beifunde von einer Zeitstellung im Spätmesolithikum aus. An beiden Kinderskeletten ließen sich Mangelerscheinungen im Knochenaufbau nachweisen.

Thüringen

Von den Menschen aus der Mittelsteinzeit in Thüringen kennt man nur aus Bottendorf, Ortsteil von Roßleben-Wiehe (Kyffhäuserkreis), aussagekräftige Skelettreste. Die Fundgeschichte der Gräber in Bottendorf begann am 14. März 1939 mit der Entdeckung eines menschlichen Skeletts durch den Arbeitsdienst. Am Tag darauf barg der Prähistoriker Friedrich Karl Bicker (1908–1967) aus Halle/Saale dieses von einem 20 bis 40 Jahre alten Mann stammende Skelett. Es wird in der Fachliteratur als Bottendorf I erwähnt. Eine 35 bis 45 Jahre alte Frau (Bottendorf II/1) sowie ein sieben bis acht Jahre altes Kind (Bottendorf II/2) hat man am 22. und 25. April 1939 in etwa 15 Meter Entfernung entdeckt. Die drei mittelsteinzeitlichen Toten von Bottendorf wurden mitten in der Siedlung bestattet. Vielleicht ist dies ein Hinweis dafür, dass man jenen Menschen auch nach dem Tode noch nahe sein wollte. Das am 15. März 1939 in Bottendorf geborgene Männerskelett wurde als „sitzender Hocker" vorgefunden, wodurch vielleicht die Vorstellung vom „Lebenden Leichnam" zum Ausdruck kommt. Dieser Fund war wie die beiden

Die Schauspielerin, Gästeführerin und Buchautorin Petra Paetzold,
stilvoll gekleidet als „Schamanin von Bad Dürrenberg".
Das Künstler-Ehepaar Frank Paetzold und Petra Paetzold
aus Bad Dürrenberg
veröffentlichte die siebenbändige Buchreihe „Herr Engel erzählt",
durch die Kinder und Jugendliche
die Geschichte ihrer Heimat kennenlernen sollen.
Der erste Band „Die Schamanin von Bad Dürrenberg"
erschien 2019.
Foto: Uwe Heinze

übrigen sitzenden mittelsteinzeitlichen Skelette von Bottendorf mit Rötel als der Farbe des Lebens oder zumindest der Festlichkeit bedeckt.

Sachsen-Anhalt

In Bad Dürrenberg (Saalekreis) in Sachsen-Anhalt) kamen am 4. Mai 1934 bei Kanalisationsarbeiten mitten im Kurpark die Skelettreste einer 25 bis 35 Jahre alten Frau und eines Kleinkindes im Alter von einem halben bis einem Jahr zum Vorschein. Sie wurden in großer Eile durch den Restaurator Wilhelm Henning aus Halle/Saale geborgen, da der Kurpark bereits am nächsten Tag eingeweiht werden sollte. Die Frau war fast 1,60 Meter groß. Man hatte sie in hockender Haltung mit dem Säugling zwischen den Oberschenkeln bestattet. Ungewöhnliche Grabbeigaben der Frau (Rehgeweih, Tierzahnanhänger und Schildkrötenpanzer) werden als Requisiten einer Schamanin gedeutet. Die Bestattung in Bad Dürrenberg wurde 1977 von dem Prähistoriker Volkmar Geupel aus Dresden in die späte Mittelsteinzeit datiert, in der Jäger, Fischer und Sammler bereits Kontakte zu den jungsteinzeitlichen Bauern der Linienbandkeramischen Kultur hatten. Bestattungssitte und Beigaben sprachen angeblich für die Mittelsteinzeit, eine ebenfalls mitgegebene Flachhacke aus Hornblendeschiefer stammte dagegen bereits aus dem jungsteinzeitlichen Kulturmilieu. Die Radiokarbon-Datierung einiger Knochen ergab ein Alter zwischen 7.000 und 6.200 v. Chr.

Weitgehend erhalten ist das Skelett einer mehr als 50jährigen Frau, das im Juli 1984 auf dem Weinberg südlich von Unseburg (Salzlandkreis) in Sachsen-Anhalt gefunden wurde. Diese Bestattung kam bei Grabungen des Landesmuseums für Vorgeschichte in Halle/Saale zum Vorschein, an der sich auch andere Helfer beteiligten. Die Frau ruhte auf der linken Seite mit zum Körper angezogenen Knien. Ihre Grabbeigaben – Feuersteinabschläge und zwei Dreiecksmikrolithen aus Feuerstein – ließen erkennen, dass sie in der Mittelsteinzeit gelebt hatte. Sie war 1,57 Meter groß.

Sachsen

Nach der Bestattungssitte zu schließen, gehört ein 1930 auf dem Schafberg bei Niederkaina (Kreis Bautzen, obersorbisch: Wokrjes Budysin) in Sachsen entdecktes Grab in die späte Mittelsteinzeit. Im dortigen Sandboden waren die menschlichen Knochen bei der Entdeckung des Grabes jedoch schon verwest. Sandboden entzieht Knochen das Kalzium, weshalb sie dann schneller zerfallen.

Auch in den 1983 bei Begehungen im Braunkohlen-Tagebauvorfeld aufgespürten fünf Gräbern südlich von Schöpsdorf (Kreis Görlitz) in Sachsen hatten sich die Skelettreste von Jägern und Sammlern im Sandboden bereits aufgelöst. Diese Gräber waren auf zwei Dünenkuppen (Fundstelle 2 und Fundstelle 14) verteilt und rund 300 Meter voneinander entfernt. Ein Grab scheint nahe eines Lagerplatzes angelegt worden zu sein. Zumindest noch Zahnreste befanden sich in Grab 2 der Fundstelle 2 und in Grab 1 der Fundstelle 14. Dass es sich um Bestattungen aus der Mittelsteinzeit handelte, zeigten Rötelverfärbungen und in vier Gräbern auch typische Feuersteingeräte. Grab 2 von Fundstelle 2 (auch Schöpsdorf 2) enthielt eine kurze trapezförmige Pfeilspitze, wie sie für die jüngere Mittelsteinzeit typisch ist. Grab 1 von Fundstelle 14 (Schöpsdorf 14) bestand gleichzeitig wie die bäuerliche Linienbandkeramische Kultur. Das Dorf Schöpsdorf (obersorbisch: Sepsecy) wurde 1967 nach Merzdorf eingemeindet und ab 1981 vom Tagebau Bärwalde überbaggert.

Brandenburg
Für einen menschlichen Schädeldachrest und zwei Zähne bei
Friesack (Kreis Havelland), etwa 60 Kilometer nordwestlich
von Berlin, ist die Zuordnung zur mittelsteinzeitlichen Du-
vensee-Gruppe (etwa 7.000 bis 6.000 v. Chr.) gesichert. Diese
Kulturstufe ist nach dem Fundort Duvenseer Moor (Kreis
Herzogtum Lauenburg) in Schleswig-Holstein benannt. Der
Schädelrest und die beiden Zähne von Friesack wurden bei
den Grabungen des Potsdamer Prähistorikers Bernhard
Gramsch am Fundplatz Friesack 4 entdeckt. Dies ist ein
Talsandhügel innerhalb des Warschau-Berliner-Urstromtales,
das in der Weichsel-Eiszeit entstanden ist.
Ein bedeutender Bestattungsplatz aus der jüngeren Mittelsteinzeit zwischen etwa 6.400 und 4.900 v. Chr. lag auf dem
Weinberg bei Groß Fredenwalde (Kreis Uckermark) in
Brandenburg. Die dort beerdigten Menschen gelten als die
letzten Jäger, Fischer und Sammler kurz vor dem Beginn der
„neolithischen Revolution" mit dem Aufkommen von Acker-
bau und Viehzucht in Norddeutschland. Auf den Bestattungsplatz wurde man 1962 beim Ausheben einer Baugrube
für einen Signalmast auf dem Gipfel des Weinbergs aufmerksam. Dabei hat man Skelettreste von sechs Personen
notdürftig geborgen: zwei Männer, 30 bis 39 und 40 bis 49
Jahre alt und 1,56 Meter groß, eine Frau, 40 bis 49 Jahre alt
sowie 1,52 Meter groß, drei Kinder im Alter von 3 bis 4, 4 bis
5 und 7 bis 8 Jahren. Die Toten wurden mit rotem Ocker
bestreut und mit Grabbeigaben – Knochenpfrieme, Feuersteinklingen und Feuersteinabschläge – versehen. An einem
Schädel befanden sich durchbohrte Tierzahnanhänger, die
offenbar auf einem Band aufgefädelt waren. Auf Initiative des
Prähistorikers Thomas Terberger erfolgten 2012, 2014, 2019
und 2020 Nachuntersuchungen auf dem Weinberg. Bei den

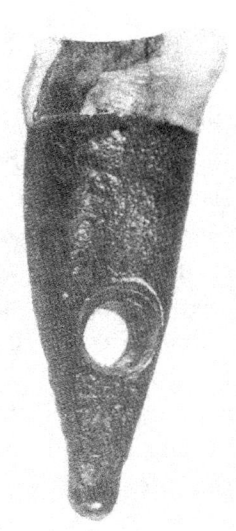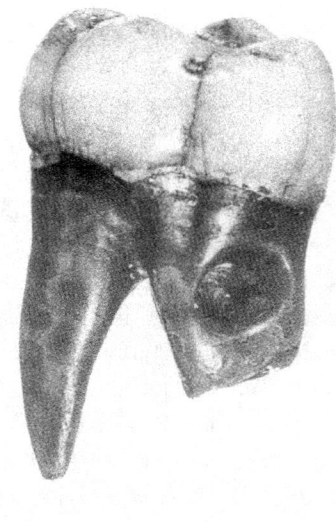

Durchbohrte Menschenzähne aus der Zeit
der Duvensee-Gruppe (etwa 7.000 bis 6.000 v. Chr.)
von Friesack 4 (Kreis Havelland) in Brandenburg,
die als Kettenschmuck verwendet wurden.
Links Eckzahn (1,95 Zentimeter hoch), rechts Backenzahn.
Originale im Museum für Ur- und Frühgeschichte Potsdam.
Foto: Museum für Ur- und Frühgeschichte Potsdam

Ausgrabungen von 2014 entdeckte man die Reste von drei Menschen. Ein um 5.000 v. Chr. gestorbener, 25 Jahre alter und 1,56 Meter großer Mann wurde aufrecht stehend in einer offenen gelassenen Grube bestattet. Erst als der Körper zerfallen war, schüttete man die Grube zu und zündete darüber ein Feuer an. Weil man ihn mit Feuerstein-Artefakten und zwei Knochenwerkzeugen als Beigaben austattete, betrachtet man ihn als Handwerker. Aus der Zeit um 6.400 v. Chr. stammt ein Kleinkind im Alter von etwa einem halben bis einem Jahr, das man bei der Bestattung mit Ocker bestreut hatte. 2019 und 2020 wurde auf dem Weinberg jeweils ein weiteres Grab entdeckt. Insgesamt sind von 1962 bis 2020 auf dem Bestattungsplatz von Groß Fredenwalde elf Bestattungen gefunden worden.

Weitere menschliche Skelettreste aus der Mittelsteinzeit in Brandenburg liegen aus Berlin-Schmöckwitz, bei Königs Wusterhausen und Rathsdorf vor. In Berlin-Schmöckwitz, früher ein Fischerdorf, heute ein Ortsteil des Berliner Bezirks Treptow-Köpenick, stieß 1925 der Oberstudiendirektor Karl Hohmann (1886–1969) aus Eichwalde bei Berlin nahe der Dahme auf drei Bestattungen aus der älteren Mittelsteinzeit. Bei einer davon handelte es sich um einen 1,55 bis 1,60 Meter großen Mann mit bemerkenswert großem Schädel.

Von Karl Hohmann wurde 1956 auch der Bericht über eine mittelsteinzeitliche Bestattung veröffentlicht, die 1955 in Kolberg am Wolziger See (Kreis Dahme-Spreewald) entdeckt worden war. Dort hatte man eine etwa 20 bis 25 Jahre alte Frau mit einer Körpergröße von 1,42 Meter begraben.

2008 kam vor dem Bau einer neuen Erdgasleitung (Ostsee-Pipeline-Anbindungsleitung = „Opal") in Rathsdorf (Kreis Märkisch Oderland) etwa 85 Zentimeter unter der Erd-

Weg zum Weinberg bei Groß Fredenwalde
(Kreis Uckermark) in Brandenburg,
einem Grab- und Kultplatz der Mittelsteinzeit.
Foto: Aquilla / CC BY-SA 3.0 (via Wikimedia Commons),
lizensiert unter Creative-Commons-Lizenz by-sa-3.0,
https://creativecommons.org/licenses/by-sa/3.0/legalcode

oberfläche ein weibliches Skelett aus der späten Mittelsteinzeit zum Vorschein. Auf dieses war man durch ein bei der Probegrabung unter Leitung von Ralph Lehmpfuhl entdecktes Schlüsselbein aufmerksam geworden. In der Presse wurde dieser Fund irrtümlich als „Märkischer Ötzi" bezeichnet. Zu den Grabbeigaben der Frau gehörten eine Knochenspitze, drei Feuersteinartefakte und mindestens 134 Tierzähne.

Mecklenburg-Vorpommern
Eine Einstufung in die mittelsteinzeitliche Duvensee-Gruppe wird für die Skelettreste von drei Menschen aus Nehringen (Kreis Vorpommern-Rügen) und ein Skelett aus Plau am See (Kreis Ludwigslust-Parchim), beide in Mecklenburg-Vorpommern, erwogen.
Die Skelettreste von drei Menschen in angeblich sitzender Hockerstellung aus Nehringen wurden 1923 entdeckt. Bei ihnen sollen sich einige einfache Feuersteinklingen befunden haben. Diese Skelettreste hat man weder fachmännisch geborgen, noch existieren davon Zeichnungen, Fotos oder exakte Beschreibungen dieser Funde. Auch ihr Verbleib ist leider unbekannt.
Auf das Skelett aus Plau am See stieß man 1846 in dem Weinberg, der heute Klüschenberg heißt. Es lag etwa 1,80 Meter tief unter der Erdoberfläche im Kiessand. Bedauerlicherweise wurde dieser seltene Fund von Arbeitern zerschlagen. Die Skelettreste gelangten in den Besitz eines Einwohners aus Plau, der sie dem als Heimatforscher bekannten Pastor Johann Ritter (1799–1880) aus Vietlübbe schenkte. Der Fund wurde 1847 durch den Schweriner Archivar und Prähistoriker Friedrich Lisch (1801–1883) beschrieben.

Doch nun zurück zu Rheinland-Pfalz.

Prähistoriker Erwin Cziesla,
der Ausgräber der Weidentalhöhle bei Wilgartswiesen
(Kreis Südwestpfalz) in Rheinland-Pfalz.
Foto: Privatarchiv Dr. Erwin Cziesla, Stahnsdorf

Als die am besten erforschte Wohnhöhle in der Pfalz gilt die Weidentalhöhle[8] bei Wilgartswiesen (Kreis Südwestpfalz). Sie liegt in 247 Meter Höhe auf dem Hang des 422 Meter hohen Göckelberges. Der durch einen Pfeiler in zwei Halbbögen unterteilte Eingang ist insgesamt etwa 20 Meter lang. In den Berg ragt die Höhle etwa drei Meter tief. Nördlich von ihr sprudelte in der Mittelsteinzeit eine Quelle, und etwa 500 Meter entfernt fließt der Fluss Queich. In der Höhle hatte sich im späten Beuronien eine kleine Gruppe von Menschen aufgehalten. Wahrscheinlich handelte es sich um etwa drei bis fünf Erwachsene und einige Kinder.

Der Prähistoriker Erwin Cziesla, der Ausgräber der Weidentalhöhle, hat 1987 in einem Aufsatz das Leben in diesem Lager zu skizzieren versucht. Nach erfolgreicher Jagd wurde die Beute vor der Höhle zerlegt. Man weidete die Tiere aus, zog ihnen das Fell ab und verteilte das Fleisch an die Mitglieder der Gruppe. Anschließend säuberten einige der Höhlen-bewohner mit scharfkantigen Schabern das Fell von Fleisch- und Hautresten. Danach wurde es vielleicht am Höhlenvordach befestigt oder über dem Feuer hängend haltbar gemacht.

Mitunter saßen die Jäger an der etwa 50 mal 30 Zentimeter großen Feuerstelle und wechselten die beschädigten Pfeilspitzen an den Holzschäften aus, wobei sich das für die Befestigung der Pfeilspitzen benutzte Birkenpech durch Hitze erweichen und gut formen ließ. Da in Reichweite des Feuers noch andere Tätigkeiten ausgeübt wurden, war dieser Bereich die intensivste Arbeitszone. Dort entdeckte man auch den größten Teil der Funde.

Als Aufenthaltsort mittelsteinzeitlicher Menschen gilt auch der Platz unter dem Felsdach Völkerhöhle östlich von Biesdorf und Wallendorf (Eifelkreis Bitburg-Prüm). Biesdorf und Wallendorf sind Ortsgemeinden in der Verbandsgemeinde Südeifel.

Luftbild der Weidentalhöhle bei Wilgartswiesen (Kreis Südwestpfalz)
in Rheinland-Pfalz auf dem Hang des Göckelberges
während der Ausgrabungen des Kölner Prähistorikers Erwin Cziesla.
Die Höhle ist etwa 20 Meter lang und 5 Meter tief.
Foto: Helmut Kratz, Hauenstein,
Luftbild freigegeben unter der Nr. 14320-8,
Bezirksregierung Rheinhessen/Pfalz vom 12. 9. 1983

Blick von der Falkenburg
auf Wilgartswiesen, Verbandsgemeinde Hauenstein (Kreis Südwestpfalz).
Foto: Dokape / CC BY-SA 3.0 (via Wikimedia Commons),
lizensiert unter Creative-Commons-Lizenz by-sa-3.0,
https://creativecommons.org/licenses/by-sa/3.0/legalcode

Federzeichnung der Weidentalhöhle bei Wilgartswiesen
(Kreis Südwestpfalz) des Schuhdesigners und Kunstmalers
Alfons Rohner (1922–1999) aus Hauenstein von 1975
(mit freundlicher Abdruckgenehmigung
von Hans Rohner aus Hauenstein, dem Sohn von Alfons Rohner)

An diesem Fundort an der deutsch-luxemburgischen Grenze hat in den 1930er Jahren Pater F. Biermann aus Biesdorf gegraben.

Die mittelsteinzeitlichen Siedlungen im Freiland werden in Rheinland-Pfalz nur durch Konzentrationen von Steingeräten markiert. Dabei handelt es sich keineswegs – wie manchmal gesagt wird – nur um Hinterlassenschaften einer Steinschlägerwerkstätte, sondern um einen Siedlungsplatz, der eine gewisse Zeit bewohnt war.

Aus der Pfalz kennt man eine solche lediglich durch Steingeräte nachgewiesene Freilandstation beispielsweise vom Hochplateau des Benneberges bei Burgalben/Waldfischbach (Kreis Südwestpfalz)[9]. Sie wurde entdeckt, als man einen Teil des Geländesporns durch den Bau der Eisenbahnlinie Pirmasens-Kaiserslautern anschnitt, wobei man Steingeräte fand. Weitere Wohnplätze dieser Art sind die Kleine Kalmit[10] bei Ilbesheim (teilweise im Kreis Südliche Weinstraße und teilweise in der Stadt Landau in der Pfalz), der Kohlwoog-Acker[11] bei Wilgartswiesen (Kreis Südwestpfalz) sowie Fundstellen am nördlichen Rand des Pfälzer Waldes bei Kaiserslautern.

Auf dem schräggestellten Höhenrücken Kleine Kalmit hat im Mai 1963 der damalige Tübinger Assistent Wolfgang Taute (1934–1995) eine Schürfung vorgenommen. Das hierbei geborgene Fundgut veröffentlichte er nur in seiner Habilitationsschrift von 1971. An der Schürfung von Taute waren der Schmied Amandus Mora aus Arzheim und der Oberlehrer Walter Storck (1923–1982) aus Mutterstadt beteiligt. Storck publizierte die Funde 1963 und Erwin Cziesla 1994. Die Kleine Kalmit bot trockenwarme Lagerplätze, in einer wildreichen Landschaft einen guten Fernblick auf Beutetiere sowie dank des Birnbaches und Ranschbaches nahe Wasservorkommen. Innerhalb eines Jahrzehnts glückten dort schätzungsweise mehr

Prähistoriiker Wolfgang Taute (1934–1995).
Foto: Universität Köln

Lehrer und Heimratforscher Walter Storck (1923–1982)
aus Mutterstadt.
Foto: Nachlass Elfriede Storck

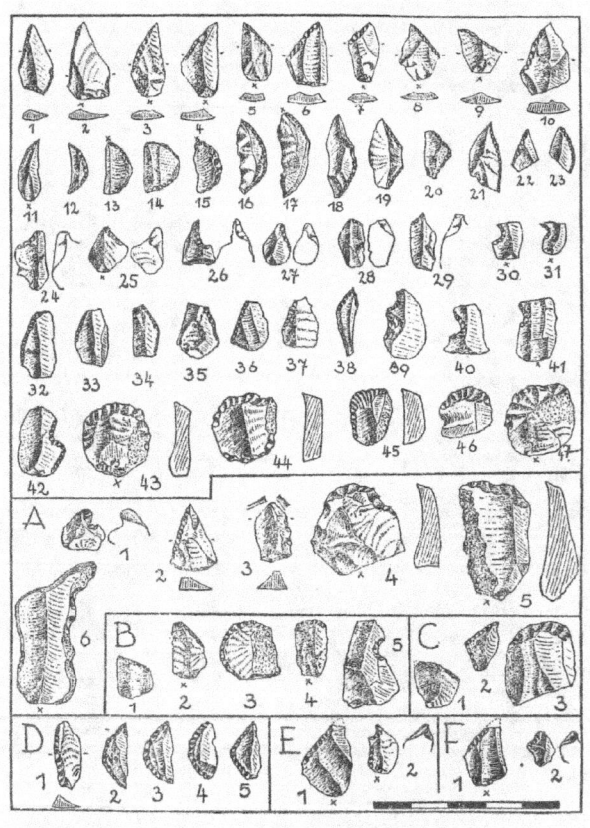

*Mikrolithenfunde vom Höhenrücken Kleine Kalmit bei Ilbesheim
in Rheinland-Pfalz.
Zeichnung aus einer Veröffentlichung des Lehrers
und Heimatforschers Walter Storck aus Mutterstadt von 1963.*

als 6.000 Funde von Werkzeugen (darunter merkwürdige „Halbmöndchen") und Abschlägen.

Die Sickinger Höhe, die teilweise im Kreis Kaiserlautern und teilweise im Kreis Südwestpfalz liegt, gilt als das bisher größte und dichteste Vorkommen mittelsteinzeitlicher Fundstellen im südlichen Rheinland-Pfalz. Dort sind bei Zweibrücken-Mörsbach fünf Fundplätze von verschiedenen Sammlern über Jahrzehnte hinweg immer wieder aufgesucht worden. Die größten Verdienste bei der Fundbergung haben sich Diethelm Malitius und Albert Lippmann aus Kaiserslautern zwischen 1974 und 1978 erworben. Weitere Fundstellen von der Sickinger Höhe sind Schmitshausen, Thaleischweiler-Fröschen, Höheinöd bei Pirmasens, Burgalben/Fischbach, Horbach bei Pirmasens, Hettenhausen/Am Heidenkopf, Hettenhausen/Am Ilsbrunnen und Martinshöhe.

Im Nordpfälzer Bergland sind 9 mittelsteinzeitliche Fundstellen bekannt, in der Vorderpfalz 11 Fundstellen, darunter die erwähnte Kleine Kalmit, im Pfälzer Wald 2 Fundstellen, nämlich die erwähnte Weidentalhöhle und der Kohlwoog-Acker bei Wilgartswiesen.

In Rheinhessen, also der Gegend zwischen Mainz und Ludwigshafen, konnten bisher keine bedeutenden Freilandstationen aus der Mittelsteinzeit entdeckt werden. Dies dürfte eher auf eine Lücke in der Forschung als auf das Meiden dieses Gebietes zurückzuführen sein. Denn Rheinhessen bot damals ebenso gute Voraussetzungen für eine Besiedlung wie andere Gegenden in Rheinland-Pfalz. Erste Hinweise auf eine mittelsteinzeitliche Besiedlung in Form einiger typischer Mikrolithen fand der Waldalgesheimer Sammler Kurt Hochgesand.

Im Mittelrheingebiet, wo gegen Ende der jüngeren Altsteinzeit die großen Freilandstationen Gönnersdorf und Andernach bestanden hatten, fand man bisher keine Siedlungsspuren aus der Mittelsteinzeit. Dies liegt vermutlich daran, dass diese Funde jünger als der Bims sind, der von einem Vulkanausbruch vor etwa 11.000 Jahren stammt und industriell abgebaut wurde. In der Mittelsteinzeit ruhten die Vulkane der Eifel bereits, und die bei der erwähnten Naturkatastrophe verwüstete Landschaft war schon längst wieder begrünt, so dass die Lebensbedingungen sicherlich hervorragend gewesen sein müssen. Die spätestens seit der Jungsteinzeit immer intensiver landwirtschaftlich genutzten Bimsböden sind wahrscheinlich so locker, dass sie noch stärker als andere Böden abgespült wurden. Dabei fielen mittelsteinzeitliche Landoberflächen und Lagerplätze der Erosion zum Opfer.

Aus dem Raum Trier kennt man zahlreiche mittelsteinzeitliche Siedlungen im Freiland. Die Prähistorikerin Ingrid Koch erwähnte 1997 in ihrer Magisterarbeit 189 Fundstellen in allen Landschaftsräumen des Trierer Landes, in der südwestlichen Eifel, in der Trier-Bitburger Bucht, im Moseltal und im südlichen Hunsrück. 2017 sprach sie von nahzu 300 mittelsteinzeitlichen Fundstellen und Inventaren.

Eine der wichtigsten Fundstellen wurde 1982 beim Straßenbau in Hüttingen an der Kyll[12] (Eifelkreis Bitburg-Prüm) entdeckt. Sie befand sich an einem Hang des Kylltales nahe einer Quelle. Vom einstigen Lagerleben zeugen Holzkohlen als Reste einer Feuerstelle sowie Speiseabfälle und Steingeräte.

Die in Hüttingen in einer nur schwer erkennbaren Grube geborgenen verkohlten Haselnussschalen und Holzkohlestückchen könnten beim Rösten von Haselnüssen zurückgeblieben sein. Die Nüsse sind vielleicht nicht verbrannt, weil sie noch feucht waren und eventuell als Treibgut aus der nahegelegenen Kyll gefischt wurden. Ein größeres Geröll aus Quarzit mit Narbenfeldern wird als Amboss interpretiert und als Nussknacker gedeutet. Ein flaches nierenförmiges Grauwackegeröll mit

Kerben könnte als Netzsenker beim Fischfang gedient haben.

Die Siedlungsspuren von Hüttingen stammen aus der frühen Mittelsteinzeit. Viele Fundplätze im Raum Trier datiert man wegen des Vorkommens von trapezförmigen Pfeilspitzen (Querschneider) in die späte Mittelsteinzeit.

Fünf umfangreiche Fundkollektionen kennt man von Oberkail-Buschgarten-Rodecken (Eifelkreis Bitburg) und von Auel-Auf dem Hähnchen bei Gerolstein in der Eifel.

1935 entdeckte der Hauptlehrer Diehl aus Oberkail etwa 500 Meter nördlich des Ortes bei der Rodung und Urbarmachung der Flur „Buschgarten" steinerne Artefakte. Dies bewog ihn, zusammen mit seinen Schülern mehrfach das Gelände abzusuchen. Seine Funde überließ er dem Provinzialmuseum Trier. Am Fundplatz erfolgte 1936 eine Grabung mit „Hacke und Schaufel" durch das Museum Trier. Dort identifizierten Wolfgang Dehn (1909–2001) und Wolfgang Kimmig (1910–2001) einen Teil der Funde, unter denen sich dreieckige Mikrolithen befanden, als mittelsteinzeitlich. Ein Teil der Mikrolithen von Oberkail besteht aus Tétange-Feuerstein im Südwesten Luxemburgs, eine Mikrospitze aus Oberkail aus dem rund 150 Kilometer entfernten Wommersom (Wommersum) nahe Tienen in der Provinz Brabant im Belgischen Flandern.

Ab 1983 barg Klaus Ewertz aus Gerolstein als Mitglied des Archäologischen Vereins Gerolstein am östlichen Hang des Vulkans Rother Heck in Gerolstein (Kreis Vulkaneifel) auf einer Fläche von ungefähr 20 mal 50 Metern etwa 600 mittelsteinzeitliche Steinartefakte. Das Fundgut besteht fast ausschließlich aus grauem Feuerstein der Maasregion. Bemerkenswert sind zwei Rohknollen in Größe eines Kinderkopfes aus Maasfeuerstein.

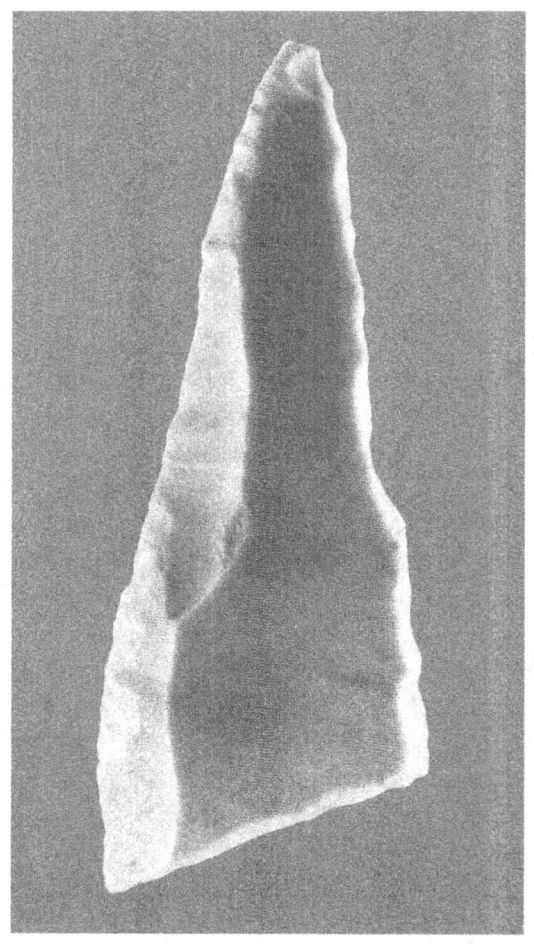

Dreieckige Pfeilspitze aus dem Frühmesolithikum (Beuronien C)
von der Weidentalhöhle bei Wilgartswiesen (Kreis Südwestpfalz)
in Rheinland-Pfalz. Länge 2,6 Zentimeter.
Foto: Landesamt für Denkmalpflege Rheinland-Pfalz,
Abteilung Bodendenkmalpflege, Außenstelle Speyer

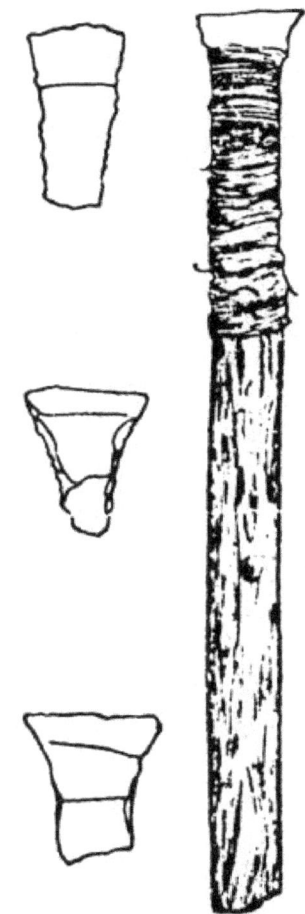

Mittelsteinzeitliche Pfeilspitze (Querschneider)
von Tværmose (Dänemark).
Zeichnung aus einer Publikation
des englischen Prähistorikers John Grahame Clark (1907–1995)
von 1936

Schädel eines Hundes („Senckenberghund")
aus der Mittelsteinzeit vom Senckenberg-Moor bei Frankfurt/Main
in Hessen. Länge 19 Zentimeter.
Foto: Forschungsinstitut Senckenberg, Sektion Paläozoologie II,
Frankfurt am Main

2008 publizierte Peter May aus Koblenz seine bei zahlreichen Begehungen geborgenen mittelsteinzeitlichen Funde von Auel-Auf dem Hähnchen in der Gemeinde Steffen-Auel in der westlichen Vulkaneifel. Dieser Fundplatz befindet sich auf einem 495 Meter über dem Meeresspiegel liegenden Plateau oberhalb des Trockenmaares Duppacher Weiher. Das auf einer ovalen Fläche von etwa 20 mal 25 Metern Durchmesser aufgelesene Fundgut umfasst 1.055 Objekte aus Maasfeuerstein und Rohmaterial vom Mittelrhein.

Die erwähnte Magisterarbeit von Ingrid Koch bewies, dass auch die hohe Eifel bis 600 Meter über dem Meeresspiegel während der Mittelsteinzeit und zuvor ein beliebtes Siedlungsgebiet von Jäger- und Sammlergruppen war.

Die Menschen der Mittelsteinzeit in Rheinland-Pfalz haben mit Pfeil und Bogen wohl vor allem Auerochsen, Rothirsche, Rehe und Wildschweine erlegt. Diese Tiere kamen als Standwild in den damaligen Wäldern vor. Ihr Fleisch reichte für etliche Mahlzeiten.

Einige der ältesten und am besten erhaltenen Bögen Europas wurden in einer mittelsteinzeitlichen Siedlung von Holmegårds Mose auf Seeland (Dänemark) gefunden. Dort hat man Reste von fünf Bögen aus der Zeit um 7000 v. Chr. entdeckt. Pfeil-schäfte, Pfeilspitzen und Pfeilschaftglätter liegen auch aus Deutschland vor. Pfeilspitzen mit trapezförmiger Form aus der späten Mittelsteinzeit werden als Querschneider oder Pfeilschneiden bezeichnet. Ihr Einschuss verursacht eine grö-ßere und stärker blutende Wunde als eine längliche dreieckige Pfeilspitze.

Der von gezähmten Wölfen abstammende Hund blieb in der Mittelsteinzeit in Europa das einzige Haustier. Skelettreste von Hunden aus dieser Periode wurden in England (Star Carr), an mehreren Orten in Deutschland (Euerwanger Bühl in Bayern,

Einbaum von Pesse, Provinz Drente (Niederlande),
im August 1955 bei Bauarbeiten zur Autobahn Rijksweg 28
im kleinen Moor Blikkenveen entdeckt.
Foto: Drente-Museum / CC BY 3.0 (via Wikimedia Commons),
lizensiert unter Creative-Commons-Lizenz by-3.0,
https://creativecommons.org/licenses/by/3.0/legalcode

Senckenberg-Moor bei Frankfurt am Main in Hessen, Erfttal
bei Bedburg in Nordrhein-Westfalen, Abri I am Bettenroder
Berg in Niedersachsen, Hohen Viecheln und Tribsees in Mecklenburg) und Dänemark (Maglemose) entdeckt.
Sicherlich wurden – wie im Nachbarland Hessen – auch
mittelsteinzeitliche Jäger in Rheinland-Pfalz von Hunden
begleitet.
Im Senckenberg-Moor bei Frankfurt am Main fand man
Skelettreste eines Hundes, der etwa so groß wie ein heutiger
Spitz war. Die schräggestellten und etwas ineinanderge-
schobenen Backenzähne dieses Tieres lassen auf eine
bemerkenswerte Verkürzung des Gesichtsschädels schließen.
Diese gilt als eindeutiges Merkmal dafür, dass es sich um ein
Haustier handelt. Der sogenannte „Senckenberghund" kam
zusammen mit dem Skelett eines Auerochsen zum Vorschein.
Deshalb vermutete der Frankfurter Zoologe Robert Mertens
(1894–1975), dieser Hund habe an dem erlegten Auerochsen
seinen Hunger gestillt.
Die damaligen Menschen haben in den immer dichter wer-
denden Wäldern durch Feuerlegen stellenweise Lichtungen
geschaffen. Hinweise für ein solches Verfahren fand der Trierer
Prähistoriker Hartwig Löhr in einer Torfschicht bei Schloss
Weilersbach unweit von Bollendorf (Eifelkreis Bitburg-Prüm)
im Sauertal sowie in Hüttingen an der Kyll, bei Welschbillig-
Kunkelborn, bei Wincheringen und bei Wasserliesch (alle Kreis
Trier-Saarburg). Durch die Lichtungen schaffte man künstliche
Weideplätze für das Wild. Holzkohlelagen wurden auch in
entsprechend alten Schichten einiger Eifelmaare erbohrt.
Belege für mittelsteinzeitliche Schifffahrt auf rheinland-pfäl-
zischen Gewässern liegen bisher nicht vor. Als eindrucks-
vollstes Belegstück für Schifffahrt zu jener Zeit gilt der im
August 1955 entdeckte, fast 3 Meter lange, nahezu 45 Zenti-

Paddel der mittelsteinzeitlichen Maglemose-Kultur
(etwa 7.000 bis 6.000 v. Chr.) vom Duxmoor bei Gettorf
(Kreis Rendsburg-Eckernförde) in Schleswig-Holstein.
Länge etwa 90 Zentimeter.
Foto: Archäologisches Landesmuseum
der Christian-Albrechts-Universität, Schleswig

meter breite und ungefähr 30 Zentimeter hohe Einbaum aus einem Moor bei Pesse in der holländischen Provinz Drenthe. Eine radiometrische Altersdatierung ergab, dass dieser Einbaum um 6.315 v. Chr. hergestellt worden ist. Vielleicht wurde jenes Wasserfahrzeug beim Fischfang und Aufsuchen von Muschelbänken benutzt. In Norddeutschland hat man Paddel aus der Mittelsteinzeit in Duvensee (Kreis Herzogtum-Lauenburg) und in Gettorf (Kreis Rendsburg-Eckernförde) entdeckt, in Ostdeutschland in Friesack (Kreis Nauen). Je ein Paddel konnte auch in Holmegård auf Seeland (Dänemark) sowie in Star Carr (England) geborgen werden.

Nachweise von Kunstwerken aus der Mittelsteinzeit sind bislang in Rheinland-Pfalz eine sehr große Seltenheit. Zu solchen Raritäten gehört ein rundum gekerbtes Geröll aus dem rheinland-pfälzischen Eisenach sowie ein Geröll mit Ritzlinien von Ingendorf (beide im Eifelkreis Bitburg-Prüm). Auch im angrenzenden Luxemburg wurde ein derartiges Kunstwerk gefunden.

Im Vergleich mit den altsteinzeitlichen Gravierungen auf Steinplatten von Gönnersdorf wirken die erwähnten mittelsteinzeitlichen Kunstwerke armselig. In Gönnersdorf, einem Ortsteil des Stadtteils Feldkirchen der Stadt Neuwied in Rheinland-Pfalz, haben die einstigen Bewohner einer Siedlung vor rund 15.500 Jahren etwa 200 Darstellungen von Tieren und rund 400 von Frauen in grauschwarzen Schieferplatten eingraviert, die in den Behausungen als Fußboden dienten. Unter den Tierdarstellungen überwiegen vor allem Wildpferde (74 Motive) und Mammute (61 Motive). Wesentlich seltener wurden Fellnashörner und Hirsche abgebildet. Nur je einmal sind Elch (oder Saiga-Antilope), Auerochse, Wisent, Wolf und Höhlenlöwe (ohne Kopf) dargestellt. Andere Motive zeigen Fische, Vögel (Wasservögel), Schneehuhn, Kolkrabe und Rob-

Schieferplatte von Gönnersdorf,
ein Ortsteil des Stadtteils Feldkirchen der Stadt Neuwied
in Rheinland-Pfalz,
mit Frauendarstellungen (Venusdarstellungen)
aus der Altsteinzeit vor etwa 15.500 Jahren.
Foto: Regina Hecht (via Wikimedia Commons),
Lizenz: GNU Free Documentation License, Version 1.2

ben. All diese Tiergravierungen wirken sehr realistisch. Die größte von ihnen ist ein 50 Zentimeter erreichendes Wildpferd. Frauen sind in strenger Profilansicht mit nur einem Arm und einer Brust sowie mit auffällig betontem Gesäß abgebildet. Der Kopf ist niemals zu sehen. Auch die Füße fehlen fast immer. Die jungen Mädchen oder Frauen befinden sich in der Halbhocke oder sogar im Sprung. Nicht selten sind die Frauenfiguren hintereinander aufgereiht. Oder man kann zwei einander zugewandte Frauen erkennen. Es gibt bisher keine Erklärung dafür, weshalb man in Gönnersdorf so viele Frauen – und fast keine Männer – in die Schieferplatten eingravierte. In feuersteinarmen Regionen von Rheinland-Pfalz haben die mittelsteinzeitlichen Steinschläger neben dem seltenen Feuerstein etliche andere Steinarten für die Herstellung von Werkzeugen und Waffen verwendet. Teilweise kam der Rohstoff aus mehr als hundert Kilometern entfernten Gebieten. So kennt man von rheinland-pfälzischen Fundstellen Achat aus dem Nahegebiet, Tertiärquarzit aus Wommersom bei Tienen/Tirlemont in Belgien und Feuerstein vom Vetschauer Berg bei Aachen.

Die Menschen, die im Frühmesolithikum (auch Beuronien genannt), vor etwa 7.700 bis 5.800 v. Chr. auf dem erwähnten Benneberg bei Burgalben/Waldfischbach in der Pfalz lagerten, fertigten ihre Geräte aus Feuerstein, Chalzedon, Hornstein, Quarzit, Quarz, Jaspis, Tonschiefer und Tertiärquarzit an. Außer Feuerstein und vielleicht auch Chalzedon konnten alle übrigen Steinarten als kleine Gerölle in Bächen oder Flüssen der Pfalz gesammelt werden. Zum Formenspektrum der Geräte auf dem Benneberg gehörten Kerne, Klingen, Lamellen und mikrolithische Spitzen, die dem Beuronien B in Baden-Württemberg entsprechen. Die einstigen Bewohner der Weidentalhöhle bei Wilgartswiesen in der Pfalz aus der zu Ende gehenden frühen

Geschliffenes Bimsgerät unbekannter Funktion
aus der Weidentalhöhle bei Wilgartswiesen (Kreis Südwestpfalz)
in Rheinland-Pfalz.
Länge etwa 8 Zentimeter, maximale Breite 4,5 Zentimeter.
Foto: Landesamt für Denkmalpflege Rheinland-Pfalz,
Abteilung Bodendenkmalpflege, Außenstelle Speyer

Mittelsteinzeit verwendeten zur Geräteherstellung in erster
Linie Bachgerölle, die direkt aus dem wenige hundert Meter
entfernt liegenden Flussbett der Queich geborgen und her-
beigeschafft wurden. Zum Inventar der Steingeräte aus der
Weidentalhöhle gehörten unter anderem Klingen mit un-
regelmäßigem Kantenverlauf sowie ungleichschenkelige dreieckige Pfeilspitzen, wobei häufig die kurze Kante konvex
zugerichtet ist. Solche Dreiecke sind vereinzelt auch von
anderen Fundstellen der beginnenden späten Mittelsteinzeit
bekannt. Insgesamt ist das Inventar dem Beuronien C ver-
gleichbar.
In der Weidentalhöhle wurden auch eine geschliffene Platte
aus vergneistem Granit sowie einzelne, konzentriert gelegene
Granite geborgen. Diese Granite stammen von einem Stein-
bruch in Albersweiler (Kreis Landau). Sie dienten – wie im
Falle der geschliffenen Platte – als Unterlage für die Zube-
reitung von Nahrung oder – wie bei den kleineren Stücken –
vermutlich als Kochsteine, da Granit in besonderem Maße
Wärme speichern kann. Die im Feuer erhitzten Granite wurden
in eine mit Tierhaut ausgekleidete und mit Wasser gefüllte
Grube gelegt und brachten das Kochgut bald zum Sieden.
Auch im Raum Trier benutzte man neben dem raren Feuerstein
andere Steinarten wie Muschelkalkhornstein, Quarz, Tertiärquarzit und Kieselschiefer. Da die Geräte in der Mittelsteinzeit
überwiegend sehr klein waren, genügten für ihre Herstellung
kleine Rohstücke und lohnte sich selbst die Ausbeutung relativ
unergiebiger Lagerstätten. Der besonders gut spaltbare Feuerstein und anderer wertvoller Rohstoff mussten manchmal
von weiter beschafft werden. Ob dies durch eigene Expedi-
tionen oder per Tausch geschah, ist ungeklärt. Der graublaue
Muschelkalkhornstein im Fundgut von Biesdorf (Eifelkreis Bitburg-Prüm) stammt beispielsweise aus dem etwa 30 Kilometer

entfernten Saargau. Eine solche Entfernung konnte wohl kaum an einem einzigen Tag hin und her bewältigt werden. In der Oberrheinischen Tiefebene wurden auch vielfach dichte „Quarzporphyre" (vulkanische Rhyolithe) verwendet.

Im Trierer Gebiet sind die südöstlichsten Funde von flächenretuschierten Mikrolithen gefunden worden. Solche sogenannten Mistelblattspitzen wurden vor allem in Belgien und in den südlichen Niederlanden bis ins rechtsheinische Westfalen gefunden. Ihr Verbreitungsgebiet von einigen hundert Kilometern Ausdehnung markiert vielleicht ein Stammesgebiet, in dem diese Spitzenform nach gleichartigen Standards hergestellt wurde. Die Mistelblattspitzen gelten als das Werk einer Regionaltradition, die man auch nach dem Wechsel zu trapezförmigen Mikrolithen in der späten Mittelsteinzeit eine Weile neben diesen fortgeführt hat

Vermutlich sind die in der Mittelsteinzeit in Rheinland-Pfalz verstorbenen Menschen wie in anderen Bundesländern in Deutschland unverbrannt bestattet worden. Die erwähnten Kopfbestattungen in der Großen Ofnethöhle in Bayern werden in der Fachwelt unterschiedlich gedeutet. Es ist von grausamen Menschenopfern, rituell motiviertem Kannibalismus, einer spezifischen Bestattungsart (Kopfbestattung), einem Ahnenkult (Schädelkult) oder einem kriegerischen Massaker die Rede. Das letzte Wort hierüber ist noch nicht gesprochen.

Menschenopfer für Götter gab es zu verschiedenen Zeiten. Zum Beispiel bei jungsteinzeitlichen Ackerbauern und Viehzüchtern, aber auch später bei Griechen, Germanen, Kelten, Phöniziern, Karthagern, nord- und südamerikanischen Indianern. Allein die Azteken opferten jährlich die Herzen von 10.000 bis 20.000 Gefangenen. Teilweise bestattete man verstorbene Herrscher zusammen mit Dienern, die sich im Jenseits um sie kümmern sollten.

Die Menschen der Mittelsteinzeit bestatteten ihre Toten meist in Hockerlage mit zum Körper hin angezogenen Knien, aber auch als „sitzende Hocker" und in gestreckter Körperlage. Neben Einzelbestattungen gab es Kollektivbestattungen mit mehr als 40 Verstorbenen. Die Gräber wurden im Freiland oder in Halbhöhlen angelegt. Wie in der jüngeren Altsteinzeit hat man offenbar auch in der Mittelsteinzeit die Leichname oft mit rotem oder gelbbraunem Farbstoff überschüttet.

In Hockerlage wurden beispielsweise 23 Verstorbene auf der westfranzösischen Insel Téviec im Golfe du Morbihan bestattet. Dieser Fundort gehörte in der Mittelsteinzeit noch zum Uferland der Lore-Mündung. Bei den Toten von Téviec handelte es sich um sieben Männer, acht Frauen und acht Kinder. Man hatte sie alle mit rotem Farbstoff bestreut und unter Muschelhaufen zur letzten Ruhe gebettet. Die Bestattungen von Téviec wurden zwischen 1928 und 1930 durch den Eisenwarenhändler und Amateur-Archäologen Saint-Just Péquart (1881–1944) und dessen Frau Marthe Pequart (1884–1963) aus Nancy entdeckt. Nur etwa 30 Kilometer von Téviec entfernt liegt die Insel Hoedic im Golfe du Morbihan, auf der vier Männer, fünf Frauen und vier Kinder in Hockerlage und mit Ocker überhäuft bestattet wurden. Die Bestattungen von Hoedic wurden 1932/ 1933 ebenfalls durch das Ehepaar Pequart gefunden.

Als eines der eindrucksvollsten Beispiele für Bestattungen in einer Höhle gelten die Funde in der Caverna delle Arene Candide, die etwa 20 Kilometer von der italienischen Stadt Savona in Ligurien entfernt ist. Dort wurden in der Mittelsteinzeit 15 Erwachsene, Jugendliche und Neugeborene bestattet. Erste Untersuchungen der Caverna delle Arene Candide erfolgten schon 1865, systematische Ausgrabungen 1940 bis 1942 durch den Prähistoriker Luigi Bernabò Brea (1910–1999) aus Syrakus (Sizilien) und andere.

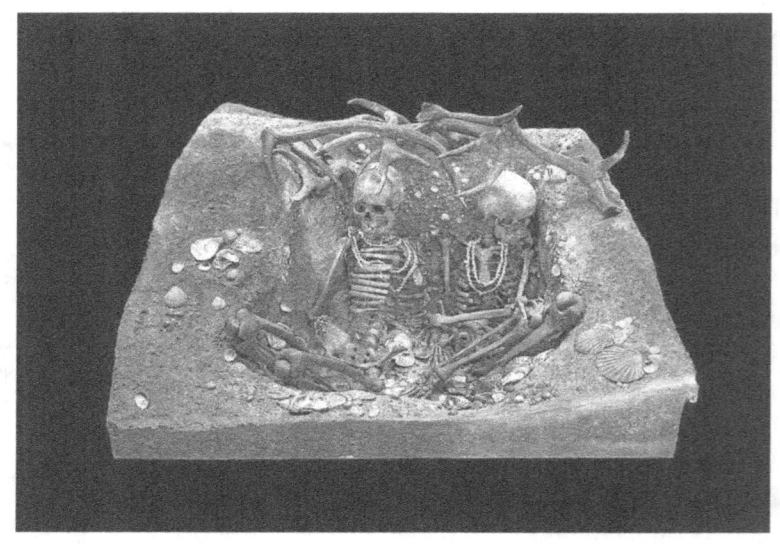

Rekonstruiertes mittelsteinzeitliches Grab von Téviec
auf der gleichnamigen Insel im Golfe du Morbihan
im französischen Département Morbihan.
Die in diesem Grab bestatteten jungen Frauen
im Alter zwischen 25 und 35 Jahren
sind gewaltsam ums Leben gekommen.
Rekonstruktion im Muséum de Toulouse.
Foto: Didier Desouens / CC BY-SA 4.0
(via Wikimedia Commons),
lizensiert unter Creative-Commons-Lizenz by-sa-4.0,
https://creativecommons.org/licenses/by-sa/4.0/legalcode

Nicht selten erfolgten Sonderbehandlungen des Leichnams. So sind unter anderem Schädelbestattungen, Körperbestattungen ohne Schädel und Leichenzerstückelungen nachgewiesen. Der schon in der Altsteinzeit praktizierte Schädelkult wurde auch in der Mittelsteinzeit ausgeübt. Als bedeutendster Beleg für diesen Kult gelten die insgesamt 34 Schädel mit Schlagspuren aus der Großen Ofnethöhle bei Holheim unweit von Nördlingen (Kreis Donau-Ries) in Bayern. Es ist unklar, ob die mit großer Wucht ausgeführten Schläge lebende Menschen trafen und somit deren Tod bewirkten oder ob sie einem bereits Verstorbenen galten. Schnittspuren an den Halswirbeln zeigen, dass die Schädel mit Gewalt vom übrigen Körper getrennt wurden. Angebrannte Knochen und Kohlestücke liefern einen Anhaltspunkt dafür, dass die zu den Kopfbestattungen gehörenden Körper verbrannt worden sind. Die mittelsteinzeitlichen Kopfbestattungen erinnern an die Rituale mancher Naturvölker, bei denen der Kopf als wichtigster Teil des Menschen im Mittelpunkt stand und besonders verehrt wurde.

Auch an Einzel-, Doppel- und Dreifachbestattungen machte man interessante Beobachtungen. So wurden manche Tote auf eine glühende Feuerstelle gelegt – vielleicht in der Hoffnung, sie so wieder zum Leben zu erwecken –, andere mit Steinen oder Hirschgeweih bedeckt oder mit Werkzeugen und Schmuck für das Jenseits versehen.

Die Art und Weise vieler Bestattungen aus der Mittelsteinzeit – wie Beisetzung auf Siedlungsplätzen, „liegende Hocker" in Schlafstellung, „sitzende Hocker", Rotfärbung des Toten sowie Werkzeug- und Schmuckbeigaben – deuten darauf hin, dass die damaligen Menschen an einen „lebenden Leichnam" glaubten. Verstorbene waren nach dieser Auffassung nicht tot, sondern lebten weiter und wurden als Mitglied der Gemeinschaft

*Schädelkult in der Großen Ofnethöhle bei Holheim
(Kreis Donau-Ries) in Bayern.
Zeichnung von Fritz Wendler (1941–1995)
für das Buch „Deutschland in der Steinzeit" (1991)
von Ernst Probst*

betrachtet. Durch die Zerstückelung von bestimmten Leichen
wollte man vielleicht die Wiederkehr von gefürchteten Per-
ösonen verhindern.

Weniger von archäologisch gesicherten Funden als von
Bräuchen heutiger Naturvölker wird die Vorstellung abgeleitet,
dass der Zauberer eines jeden Stammes über die Einhaltung
religiöser Vorschriften gewacht hat. Ihm oblag auch die
Durchführung magischer Riten. Dabei soll er sich meist durch
eine unheimlich wirkende Verkleidung – wie etwa eine Hirschschädelmaske vor dem Gesicht, ein Tierfell mit Schwanz als
Umhang und andere tierische Attribute – in eine übernatürliche
Mischung aus Mensch und Tier verwandelt haben. So ausge-
stattet konnte der Zauberer für reichen Wild- und Fischbestand
sorgen, Krankheiten vertreiben und vielleicht auch dafür beten,
dass der große Wald, der immer endloser zu werden schien,
nicht noch größer wurde. Dies tat er vielleicht, indem er
ekstatische Tänze aufführte, an denen sich die übrigen Stam-
mesgenossen beteiligten, die dann ebenfalls in Verzückung
gerieten.

Schauplätze solcher Riten, die einer uns unbekannten Gottheit
galten, lagen – wie Funde zeigen – im Freiland und in
Halbhöhlen.

Tanzender Zauberer (Schamane) mit Hirschschädelmaske.
Derartige Hirschschädelmasken fand man in Nordrhein-Westfalen
Brandenburg und Mecklenburg-Vorpommern.
Zeichnung: Fritz Wendler (1941–1995)
für das Buch „Deutschland in der Steinzeit" (1991)
von Ernst Probst

Anmerkungen

1] Der Ausdruck La Hoguette-Gruppe oder La Hoguette-Kultur wurde 1983 von dem französischen Prähistoriker Christian Jeunesse aus Straßburg geprägt. Er erkannte die Ähnlichkeit von Keramikfunden aus dem Elsaß und der burgundischen Pforte (Bavans, Departement Doubs) mit dem Material des Fundortes La Hoguette im französischen Departement Calvados in der Normandie.

2] Der Begriff Bandkeramik wurde 1884 durch den Kunsthistoriker Friedrich Klopfleisch (1831–1898) aus Jena eingeführt. Von Linearkeramik sprach 1902 als erster der Stadtarzt und Urgeschichtsforscher Alfred Schliz (1849–1915) aus Heilbronn. Der daraus abgeleitete Name Linienbandkeramische Kultur basiert auf der bänderartigen Verzierung der Tongefäße dieser Kultur.

3] Der Begriff Holozän wurde um 1867 durch den Pariser Zoologen Paul Gervais (1816–1879) geprägt. Dieser Name fußt darauf, dass im Holozän (griechisch: holos = ganz, kainos [latinisiert: caenus] = neu) die Mollusken mit wenigen Ausnahmen bereits den heutigen entsprachen.

4] Der Name Präboreal (Zeit vor dem Boreal) wurde vermutlich um 1876 durch den norwegischen Botaniker Axel Blytt (1843–1918) geprägt.

5] Auch der Ausdruck Boreal wurde vermutlich um 1876 von Axel Blytt (s. Anm. 4) eingeführt

6] Auch der Begriff Atlantikum wurde vermutlich um 1876 von Axel Blytt (s. Anm. 4) verwendet.

7] Entdecker des Loschbour-Mannes war der Lehrer und Schriftsteller Nicolaus Thill (1835 – 1967) aus Oetringen. Der Originalfund des Skelettes wird im Nationalen Naturkundemuseum in Luxemburg-Stadt aufbewahrt.

8] Im Sommer 1971 führten der Lehrer Walter Ehescheid aus Wilgartswiesen sowie der Schuhdesigner und Kunstmaler Alfons Rohner (1922–1999) aus Hauenstein in einer damals noch namenlosen Höhle bei Wilgartswiesen eine erste Untersuchung durch. Dies geschah nach Absprache mit dem Grundstücksbesitzer und der Denkmalschutzbehörde. Die beiden Mittelalterforscher entdeckten zwischen dem 25. Juli und 17. Oktober 1971 in einem 6 Meter langen und 1,50 Meter breiten Suchgraben Keramikscherben und Steinartefakte. Rohner fertigte 1975 eine Federzeichnung von der Höhle an. Das spärliche Fundgut gelangte über die Untere Denkmalschutzbehörde in Speyer und über die Landesdenkmalpflege in Mainz einige Jahre später zur Forschungsstelle Altsteinzeit des Kölner Institutes für Ur- und Frühgeschichte. Professor Gerhard Bosinski, der Leiter des Kölner Institutes, beauftragte den Kölner Studenten Erwin Cziesla, der gerade eine neue Aufgabe suchte, sich um die Fundstelle zu kümmern. Und zwar ohne finanzielle Mittel, ohne Ansprechpartner und ohne weitere Unterstützung. Nach einem Aushang im Institut für Ur- und Frühgeschichte in Köln entstand eine Grabungsmannschaft, die mit Freunden und Bekannten aufgestockt wurde. Mit Erlaubnis des Grundstücksbesitzers K.-H. Stoffel aus Annweiler unternahmen Cziesla und Andreas Tillmann vom 14. Juli bis zum 28. August 1980 in der Weidentalhöhle eine erste Grabungskampagne. Die Grabungen von 1980 und 1987 wurden mit Mitteln des Amtes für Denkmalpflege, Abteilung Bodendenkmalpflege, Außenstelle Speyer, finanziert. Der Grundstücksbesitzer stellte eine Jagdhütte am Fuße der steil aufragenden Buntsandsteinformation als Grabungsquartier zur Verfügung. Weitere Grabungen am seit 1980 Weidentalhöhle genannten Fundort erfolgten 1983, 1987 und 1989. Die Grabungskampagne 1983 konnte mit Mitteln der Stiftung zur

Förderung der pfälzischen Geschichtswissenschaften bestritten werden. Der Ausgräber Cziesla hat 1989 in Köln promoviert.

9] Auf dem Benneberg bei Burgalben/Waldfischbach sammelte von 1940 bis 1960 regelmäßig der ehrenamtliche Heimatpfleger Ludwig Gottschall aus Pirmasens den Ackerbereich ab. 1974/75 setzte der Mitarbeiter der Außenstelle Speyer des Landesamtes für Denkmalpflege Diethelm Malitius die Sammeltätigkeit auf dem Benneberg fort.

10] Auf der Kleinen Kalmit trug der Lehrer und Heimatforscher Walter Storck (1923–1982) aus Mutterstadt Artefakte zusammen und publizierte sie 1963. Bereits als Schüler war Storck an Vor- und Frühgeschichte interessiert. Mitte der 1930er Jahre half er bei Ausgrabungen des Dannstädter Gräberfeldes mit. Nach dem Studium wirkte er als Volksschullehrer, Hauptlehrer und zuletzt als Konrektor der ehemaligen Hauptschule in Mutterstadt. Wegen seiner archäologischen Kenntnisse ernannte man ihn 1950 zum Staatlichen Vertrauensmann füer Bodendenkmalpflege im Kreis Ludwigshafen. In der Vorderpfalz entdeckte er steinzeitliche Siedlungen und grub sie aus. Bald galt er als Kenner der Alt- und Mittelsteinzeit. Archäologen zogen ihn als Berater bei Grabungen hinzu. In Mutterstadt entdeckte er keltische und römische Siedlungsstellen und untersuchte sie. Über seine Funde und Erkenntnisse hielt er Vorträge und schrieb Artikel für Fachzeitschriften. 1980 war er Mitbegründer der Ortsgruppe des Historischen Vereins und bis zu seinem Tod Leiter der Arbeitsgemeinschaft Vor- und Frühgeschichte. Wegen seiner Verdienste als Heimatforscher, Ortshistoriker und Ausgräber hat man 2000 die Walter-Storck-Straße in Mutterstadt nach ihm benannt.

11] Von 1977 bis 1987 suchten die Heimatforscher Walter Ehescheid aus Wilgartswiesen und Alfons Rohner aus Hau-

enstein regelmäßig auf dem Kohlwoog-Acker bei Wilgartswiesen archäologische Funde. Dort sammelte in den 1980er
Jahren auch der Prähistoriker Erwin Cziesla steinerne Artefakte.
12] Die Freilandsiedlung an einer Straßenböschung in Hüttingen an der Kyll wurde 1982 von J. Harpscheid entdeckt,
von P. Weber aus Holsthum gemeldet und dem Trierer
Prähistoriker Hartwig Löhr untersucht.

Jäger der Mittelsteinzeit mit Beutetier.
Ölgemälde von Fritz Wendler (1941–1995)
für das Buch „Deutschland in der Steinzeit" (1991) von Ernst Probst

Menschen der Mittelsteinzeit vor ihrer Behausung.
Ölgemälde von Fritz Wendler (1941–1995)
für das Buch „Deutschland in der Steinzeit" (1991) von Ernst Probst

Literatur

BAGER, Juliane: Der mittelmesolithische Fundplatz Auel „Auf dem Hähnchen" in der westlichen Vulkaneifel. In: Masterarbeit, Köln 2017.

BRAND, Gregor: Der Mann von Loschbour – Vorfahre vieler Eifler. In: Eifel-Zeitung, 23. März 2016, Daun.

CZIESLA, Erwin: Bericht über die Grabungen 1980 und 1983 in der Weidental-Höhle bei Wilgartswiesen, Pfälzer Wald. In: Historischer Verein der Pfalz: Mitteilungen des Historischen Vereins der Pfalz 83, S. 5–57, Speyer 1985.

CZIESLA, Erwin: Überblick über das Schrifttum zur Alt- und Mittelsteinzeit Rheinhessens, der Pfalz und des Saarlandes (1840–1987). In: Historischer Verein der Pfalz: Mitteilungen des Historischen Vereins der Pfalz 85, Speyer 1987.

CZIESLA, Erwin: Zur Besiedlungsgeschichte des Weidentales bei Wilgartswiesen, Pfälzer Wald. In: Karst und Höhle 1986/87, S. 141–147, München 1987.

CZIESLA, Erwin: Eine Höhle verändert ihr Gesicht. Bericht über Ausgrabungen in der Weidental-Höhle bei Wilgartswiesen (Pfälzer Wald). In: Pfälzer Heimat 40, Nr. 3, S. 97–106, Speyer 1989.

CZIESLA, Erwin: Mittelsteinzeitliche Fundplätze von der Sickinger Höhe (Rheinland-Pfalz). In: Bulletin de la Société Préhistorique Luxembourgeoise 11, S. 51–72, Luxemburg 1989.

CZIESLA, Erwin: Jäger und Sammler. Die mittlere Steinzeit im Landkreis Pirmasens, Brühl 1992.

CZIESLA, Erwin: Drei Jahrzehnte Sammeltätigkeit in der Vorderpfalz. Das archäologische Vermächtnis des Oberlehrers Walter Storck. Bulletin de la Société Préhistorique Luxembourgeoise 14, S. 75–90, Luxemburg 1992.

CZIESLA, Erwin: Mittelsteinzeitliche Funde von der „Kleinen Kalmit" bei Ilbesheim (Kr. Südliche Weinstraße). In: Historischer Verein der Pfalz: Mitteilungen des Historischen Vereins der Pfalz 92, S. 7–30, Speyer 1994.

CZIESLA, Erwin: Die Mittlere Steinzeit im südlichen Rheinland-Pfalz. In: Erdgeschichtliche Materialhefte 12, S. 111–120, Tübingen 1998.

CZIESLA, Erwin: Arbeiten zu Alt- und Mittelsteinzeit in der Pfalz (1980–1992). In: RICHTER, Jürgen (Herausgeber): 111 Jahre Prähistorische Archäologie in Köln, Kölner Studie zur Prähistorischen Archäologie, Band 9, S 140–151, Rahden/Westfalen 2018.

CZIESLA, Erwin / TILLMANN, Andreas: Mesolithische Funde aus der Weidentalhöhle bei Wilgartswiesen, Gem. Hauenstein, Pfälzer Wald. In: Archäologisches Korrespondenzblatt 10, S. 211–214, Mainz 1980.

CZIESLA, Erwin / TILLMANN, Andreas: Erste Ergebnisse der Grabung im Weidental bei Wilgartswiesen, VG Hauenstein : mit einem Beitrag zur mittelalterlichen Besiedlung von Walter Ehescheid und Alfons Rohner. In: Pfälzer Heimat 33, S. 1–6, Speyer 1982.

CZIESLA, Erwin / TILLMANN, Andreas: Mesolithische Funde der Freilandfundstelle „Auf'm Benneberg" in Burgalben, Waldfischbach, Kreis Pirmasens. In: Historischer Verein der Pfalz: Mitteilungen des historischen Vereins der Pfalz 82, S. 69–110, Speyer 1984.

DATENBANK DER KULTURGÜTER IN DER REGION TRIER. https://kulturdb.de/index.php

EHRHARDT, Sophie: Der Schädel des mesolithischen Grabes vom Limburgerhofer Gänsberg. In: Historischer Verein der Pfalz: Mitteilungen des historischen Vereins der Pfalz 64, S. 154–162, Speyer 1966.

GOB, André: L'occupation mesolithique de l'abri du Loschbour prés de Reuland (G. D. de Luxembourg). In GOB, André / SPIER, Fernand: Le Mésolithique entre Rhin et Meuse, S. 91–117, Luxemburg 1982.

GRÜNBERG, Judith Martina: Die menschlichen Bestattungen in Mitteldeutschland. In: MELLER, Harald (Herausgeber): Paläolithikum und Mesolithikum. Kataloge zur Dauerausstellung im Landesmuseum für Vorgeschichte Halle, Band 1, S. 275–299, Halle (Saale) 2004.

HERDMENGER, Johannes E.: Erstmalige Entdeckung einer mittelsteinzeitlichen Siedlung auf pfälzischem Boden. In: Pfälzer Heimat 3, S. 3–6, Speyer 1952.

KOCH, Ingrid: Das Mesolithikum im Trierer Land (Magisterarbeit 1997). In: Archäologische Informationen 21/2, S. 387–391, Köln 1998.

KOCH, Ingrid: Oberkail, Kreis Bitburg-Prüm. Mesolithischer Fundplatz. In: KUNOW, Jürgen / WEGNER, Hans-Helmut (Herausgeber): Urgeschichte im Rheinland. Jahrbuch 2005 des Rheinischen Vereins für Denkmalpflege und Landschaftsschutz, S. 454–455, Köln 2006.

KOCH, Ingrid / LÖHR, Hartwig / GEHLEN, Birgit (mit Beiträgen von Janet Rethemeyer, Ursula Tegtmeier und Tanja Zerl). Andreas Zimmermann zum 65. Geburtstag gewidmet,. In: Archäologische Informationen 40, S. 161–200, Köln 2017.

LÖHR, Hartwig: Zur mittleren Steinzeit im Trierer Land. In: Kurtrierisches Jahrbuch 20, S. 3–9, Trier 1980.

LÖHR, Hartwig: Apercu preliminaire sur l'Epipaléolithique et le Mesolithique de la region de Trèves. In: Publication de la Societé Préhistorique Luxembourgeoise, S. 303–320, Luxemburg 1982.

LÖHR, Hartwig: Zur mittleren Steinzeit im Trierer Land II. In: Funde und Ausgrabungen im Bezirk Trier, Heft 12, S. 3–18, Trier 1984.

MAY, Peter: Der mesolithische Oberflächenfundplatz „Auf dem Hähnchen" bei Auel (Lkr. Vulkaneifel, Rheinland-Pfalz) ein Beitrag zur Aussagekraft zweidimensional dokumentierter Oberflächenfundplätze. In: Archäologisches Korrespondenzblatt 38, S. 157–173, Mainz 2008.

MÜLLER, Kurt: Die Kleine Kalmit ein wichtiger mesolithischer Fundplatz. In: Mitteilungen der Pollichia, Monographie Kleine Kalmit, III. Reihe, 17. Band, S. 72–80, Pollichia-Museum, Bad Dürkheim 1970.

PAETZOLD, Frank / PAETZOLD, Petra: Die Schamanin von Bad Dürrenberg, Norderstedt 2019.

PROBST, Ernst: Rekorde der Urzeit, München 1992.

SCHLÄFER, Volker: Walter Storck: Heimatforscher, Orts-historiker, Ausgräber. In: Amtsblatt Mutterstadt, 28. April 2011.

SPRATER, Friedrich: Die Pfalz in der Vor- und Frühzeit, Speyer 1948.

STORCK, Walter: Mittelsteinzeitliche Siedlungsplätze bei Mutterstadt. In: Pfälzer Heimat 7, S. 81–86, Speyer 1956.

STORCK, Walter: Mittlere Steinzeit auf der Kleinen Kalmit entdeckt. In: Pfälzische Heimatblätter 11, S. 62, Ludwigs-hafen 1963.

TAUTE, Wolfgang: Untersuchungen zum Mesolithikum und Spätpaläolithikum im südlichen Mitteleuropa. Teil 1: Chronologie Süddeutschlands, 2 Bände. Unpublizierte

Habilitationsschrift Eberhard-Karls-Universität Tübingen
1971.
TAUTE, Wolfgang: Ausgrabungen zum Spätpläolithikum
und Mesolithikum in Süddeutschland. In: BÖHNER, Kurt
(Herausgeber): Ausgrabungen in Deutschland, Teil 1:
Vorgeschichte – Römerzeit, Monograhien RGZM, S. 64–73,
Mainz/Bonn 1975.

Autor Ernst Probst.
Foto: Klaus Benz, Fotograf, Mainz-Laubenheim

Der Autor

Ernst Probst, geboren am 20. Januar 1946 in Neunburg vorm Wald im bayerischen Regierungsbezirk Oberpfalz, ist Journalist und Wissenschaftsautor. Er arbeitete von 1968 bis 1971 bei den „Nürnberger Nachrichten", von 1971 bis 1973 in der Zentralredaktion des „Ring Nordbayerischer Tageszeitungen" in Bayreuth und von 1973 bis 2001 bei der „Allgemeinen Zeitung", Mainz. In seiner Freizeit schrieb er Artikel für die „Frankfurter Allgemeine Zeitung", „Süddeutsche Zeitung", „Die Welt", „Frankfurter Rundschau", „Neue Zürcher Zeitung", „Tages-Anzeiger", Zürich, „Salzburger Nachrichten", „Die Zeit", „Rheinischer Merkur", „Deutsches Allgemeines Sonntagsblatt", „bild der wissenschaft", „kosmos", „Deutsche Presse-Agentur" (dpa), „Associated Press" (AP) und den „Deut-schen Forschungsdienst" (df). Aus seiner Feder stammen die Bücher „Deutschland in der Urzeit" (1986), „Deutschland in der Steinzeit" (1991), „Rekorde der Urzeit" (1992), „Dinosaurier in Deutschland" (1993 zusammen mit Raymund Windolf) und „Deutschland in der Bronzezeit" (1996). Von 2001 bis 2006 betätigte sich Ernst Probst als Buchverleger sowie zeitweise als internationaler Fossilien-händler und Antiquitätenhändler. Insgesamt veröffentlichte er mehr als 300 Bücher, Taschenbücher, Broschüren und über 300 E-Books.

Einwandernde jungsteinzeitliche Ackerbauern und Viehzüchter
der Linienbandkeramischen Kultur
(vor etwa 5.500 bis 4.900 v. Chr.)
mit Rindern und anderem Hab und Gut.
Die mittelsteinzeitlichen Jäger lebten
eine Zeitlang mit diesen Menschen zusammen.
Zeichnung von Fritz Wendler (1941–1995)
für das Buch „Deutschland in der Steinzeit" (1991)
von Ernst Probst

Bücher von Ernst Probst

(Auswahl)

Als Mainz im Meer lag
Als Mainz noch nicht am Rhein lag
Der Europäische Jaguar
Der Mosbacher Löwe. Die riesige Raubkatze aus Wiesbaden
Der Rhein-Elefant. Das Schreckenstier von Eppelsheim
Der Ur-Rhein. Rheinhessen vor zehn Millionen Jahren
Deutschland im Eiszeitalter
Deutschland in der Frühbronzezeit
Deutschland in der Mittelbronzezeit
Deutschland in der Spätbronzezeit
Die Aunjetitzer Kultur in Deutschland
Die Straubinger Kultur in Deutschland
Die Singener Gruppe
Die Arbon-Kultur in Deutschland
Die Ries-Gruppe und die Neckar-Gruppe
Die Adlerberg-Kultur
Der Sögel-Wohlde-Kreis
Die nordische Bronzezeit in Deutschland
Die Hügelgräber-Kultur in Deutschland
Die ältere Bronzezeit in Nordrhein-Westfalen
Die Bronzezeit in der Lüneburger Heide
Die Stader Gruppe
Die Oldenburg-emsländische Gruppe
Die Urnenfelder-Kultur in Deutschland
Die ältere Niederrheinische Grabhügel-Kultur
Die Unstrut-Gruppe
Die Helmsdorfer Gruppe

und im südlichen Brandenburg
Die Mittelsteinzeit in Schleswig-Holstein, Mecklenburg und
im nördlichen Brandenburg
Die ersten Bauern in Deutschland. Die Linienband-
keramische Kultur (5.500 bis 4.900 v. Chr.)
Die Ertebölle-Ellerbek-Kultur. Eine Kultur der Jungsteinzeit
vor etwa 5.000 bis 4.300 v. Chr.
Die Stichbandkeramik. Eine Kultur der Jungsteinzeit vor
etwa 4.900 bis 4.500 v. Chr.
Die Oberlauterbacher Gruppe. Eine Kulturstufe der
Jungsteinzeit vor etwa 4.900 bis 4.500 v. Chr.
Die Hinkelstein-Gruppe. Eine Kulturstufe der Jungsteinzeit
vor etwa 4.900 bis 4.800 v. Chr.
Die Rössener Kultur. Eine Kultur der Jungsteinzeit vor etwa
4.600 bis 4.300 v. Chr.
Die Kupferzeit. Wie die ersten Metalle in Mitteleuropa
bekannt wurden
Die Michelsberger Kultur. Eine Kultur der Jungsteinzeit vor
etwa 4.300 bis 3.500 v. Chr.
Das Rätsel der Großsteingräber. Die nordwestdeutsche
Trichterbecher-Kultur vor etwa 4.300 bis 3.000 v. Chr.
Die Baalberger Kultur. Eine Kultur der Jungsteinzeit vor
etwa 4.300 bis 3.700 v. Chr.
Pfahlbauten in Süddeutschland. Dörfer der Jungsteinzeit und
Bronzezeit an Seen, Mooren und Flüssen
Die Altheimer Kultur / Die Pollinger Gruppe. Zwei
Kulturen der Jungsteinzeit vor etwa 3.900 bis 3.500 v. Chr.
Die Salzmünder Kultur. Eine Kultur der Jungsteinzeit vor
etwa 3.700 bis 3.200 v. Chr.
Die Chamer Gruppe. Eine Kulturstufe der Jungsteinzeit vor
etwa 3.500 bis 2.800 v. Chr.
Die Wartberg-Kultur. Eine Kultur der Jungsteinzeit vor etwa

3.500 bis 2.800 v. Chr.

Die Walternienburg-Bernburger Kultur. Eine Kultur der Jungsteinzeit vor etwa 3.200 bis 2.800 v. Chr.

Die Kugelamphoren-Kultur. Eine Kultur der Jungsteinzeit vor etwa 3.100 bis 2.700 v. Chr.

Die Schnurkeramischen Kulturen. Kulturen der Jungsteinzeit von etwa 2.800 bis 2.400 v. Chr.

Die Einzelgrab-Kultur. Eine Kultur der Jungsteinzeit vor etwa 2.800 bis 2.300 v. Chr.

Die Schönfelder Kultur. Eine Kultur der Jungsteinzeit vor etwa 2.800 bis 2.200 v. Chr.

Die Glockenbecher-Kultur. Eine Kultur der Jungsteinzeit vor etwa 2.500 bis 2.200 v. Chr.

Die ersten Bauern in Österreich. Die Linienbandkeramische Kultur vor etwa 5.500 bis 4.900 v. Chr.

Die Lengyel-Kultur in Österreich. Eine Kultur der Jungsteinzeit vor etwa 4.900 bis 4.400 v. Chr.

Die Mondsee-Gruppe. Eine Kulturstufe der Jungsteinzeit vor etwa 3.700 bis 2.900 v. Chr.

Die Badener Kultur in Österreich. Eine Kultur der Jungsteinzeit vor etwa 3.600 bis 2.900 v. Chr.

Die ersten Pfahlbauten in der Schweiz. Die Anfänge der Pfahlbauforschung und die Egolzwiler Kultur

Die Cortaillod-Kultur. Eine Kultur der Jungsteinzeit vor etwa 4.000 bis 3.500 v. Chr.

Die Pfyner Kultur in der Schweiz. Eine Kultur der Jungsteinzeit vor etwa 4.000 bis 3.500 v. Chr.

Die Horgener Kultur in der Schweiz. Eine Kultur der Jungsteinzeit vor etwa 3.500 bis 2.800 v. Chr.

Die Schnurkeramiker in der Schweiz. Eine Kultur der Jungsteinzeit vor etwa 2.800 bis 2.400 v. Chr.